中国土木工程詹天佑奖

优秀住宅小区金奖获奖项目精选

谭庆琏　主编

中国土木工程学会住宅工程指导工作委员会　主办

中国建筑工业出版社

图书在版编目（CIP）数据

中国土木工程詹天佑奖优秀住宅小区金奖获奖项目精选 / 谭庆琏主编. —北京：中国建筑工业出版社，2013.10
ISBN 978-7-112-15931-4

I.①中… II.①谭… III.①住宅－建筑设计－作品集－中国－现代 IV.①TU241

中国版本图书馆CIP数据核字（2013）第229420号

责任编辑：张振光　杜一鸣
责任校对：党　蕾　刘梦然

主　　编：谭庆琏
编　　委：张　雁　杨忠诚　张洪复　崔建友　奚瑞林　张　军
　　　　　高　拯　窦以德　童悦仲　王有为　唐美树　赵冠谦
　　　　　郝建民　杨荣良　杨　燕　袁纶华　唐世定　王明浩
　　　　　王建军　邱元华　郦　明　时国珍　许宗仁　陈昌新
　　　　　王　琳
责任编辑：高　拯
编　　辑：胡　壁　谭　斌　赵景凤　王芳芳

中国土木工程詹天佑奖
优秀住宅小区金奖获奖项目精选

谭庆琏　主编
中国土木工程学会住宅工程指导工作委员会　主办
*
中国建筑工业出版社出版、发行（北京西郊百万庄）
各地新华书店、建筑书店经销
北京方舟正佳图文设计有限公司设计制作
北京画中画印刷有限公司印刷
*
开本：787×1092毫米　1/8　印张：21½　字数：530千字
2013年10月第一版　2013年10月第一次印刷
定价：220.00元
ISBN 978-7-112-15931-4
　　（24735）

版权所有　翻印必究
如有印装质量问题，可寄本社退换
（邮政编码 100037）

努力推进住宅建设的创新与发展，以人为本，精心营造普通百姓的宜居家园

谭庆琏
二〇一二年二月

原建设部副部长、中国土木工程学会理事长兼住宅工程指导工作委员会主任　谭庆琏　题词

专家评审

赵冠谦

吕俊华

中国土木工程詹天佑奖优秀住宅小区评选

毛钺

张玉平

孙克放

张菲菲

刘家麒

赵景昭

周燕珉

周磊坚

秦铮

朱茜

史勇

韩瑞光

科技组专家

建筑组开会

科技组会议

环境组专家

评审专家及秘书处人员合影

窦以德

赵士绮

王有为

唐美树

许宗仁

林寿

韩秀琦

杨赛丽

刘东卫

王仲谷、韩秀琦

艾永祥

胡璧

开彦

王磐岩

张建

刘晓明、刘亮、刘家麒

冯金秋

刘东卫、张莘植

目　录

2011 年

文星花园……………………………10	富力城翰湖……………………………40
金域蓝湾花园………………………16	中海·熙岸………………………………42
华源·博雅馨园………………………20	中渝·爱都会……………………………46
金科·阳光小镇………………………22	珠江太阳城……………………………50
水云居…………………………………24	恒大华府………………………………54
中海紫御公馆………………………28	暨阳湖一号……………………………58
重庆·恒大城…………………………32	金科·10 年城…………………………62
中海康城花园………………………36	北京市丰台区东铁匠营 38 号………66

2012 年

北京中信城（大吉危改项目）……… 72	置地甲江南二期……… 126
北京雅世·合金公寓……… 78	建工·宋家庄家园……… 130
北京华润·橡树湾 C2 区……… 84	湖语花园……… 134
越湖家天下……… 88	中海凤凰熙岸……… 136
岭南新苑……… 92	中海万锦东苑……… 138
五一阳光锦园……… 96	地中海蓝湾……… 142
通州运河东岸……… 98	华新一品……… 146
万科·锦程……… 102	金科·中央公园城……… 150
龙湖·源著一期……… 104	泽京·普罗旺斯国际公馆……… 152
万泰春天花园……… 108	华润二十四城……… 156
中海·海悦花园五区……… 112	成中·骏逸江南……… 158
东方维罗纳……… 114	观山湖 1 号……… 160
张家口龙兴润城……… 118	中渝·滨江一号 A 区……… 166
龙湖·三千城……… 120	锦邻缘……… 168
华宇·金沙时代……… 124	康居西城……… 170

2011 年

文星花园
金域蓝湾花园
华源·博雅馨园
金科·阳光小镇
水云居
中海紫御公馆
重庆·恒大城
中海康城花园
富力城翰湖
中海·熙岸
中渝·爱都会
珠江太阳城
恒大华府
暨阳湖一号
金科·10年城
北京市丰台区东铁匠营 38 号

文星花园

文星花园小区位于浙江省嘉兴市南湖风景区东南角，汇龙苑、长中苑属文星花园的两个组团，规划总用地13.62 hm²（公顷），总建筑面积23.55万m²，其中住宅总建筑面积15.33万m²，总户数1532户，绿化率达35%以上，由多层住宅、高层住宅及联排住宅组成。

小区内道路简捷流畅，景观、绿化、小品设计点、线、面有机结合，将传统景观和现代环艺巧妙融合，创造出多层次的绿化空间，形成四季常青、空气清新、视觉丰富的花园式生活环境。

小区套型设计合理、适用，住宅每套建筑面积从43m²到170m²不等，共十多种套型，明厨、明卫、明厅的三明设计，使室内自然通风、采光良好，每套还设有室内环境保护送新风系统、配有独立的阳光房，部分客厅采用落地窗，视野开阔，将绿色充分引入室内，体现了静谧而健康的居家生活空间。

文星花园小区作为中国土木工程学会住宅工程指导工作委员会批准的优秀示范小区创建项目，除在住宅科技、四新的推广应用上力争做出示范，如利用可再生能源方面，除低层及多层采用太阳能热水系统外，高层、小高层建筑率先全面采用空气源热水泵，还有太阳能光伏发电系统应用等。小区地下汽车库采用自然通风和自然采光，节能效果良好。

参建单位

浙江中房置业股份有限公司
北京梁开建筑设计事务所
浙江中房建筑设计研究院有限公司
嘉兴市开元建筑工程有限公司
浙江嘉元工程监理有限公司
浙江鼎元科技有限公司

文星花园 长中苑、汇龙苑 总平面图

文星花园 2011

长中苑鸟瞰图

长中苑鸟瞰图

汇龙苑鸟瞰图

2011 中国土木工程詹天佑奖
优秀住宅小区金奖获奖项目精选

小区全景图

高层建筑色调独具江南水乡特色

园林实景

文星花园 **2011**

小区一隅安静祥和

一楼花园住宅尽享自然

沿河建筑充满水乡风情

文星花园 **2011**

汇龙苑入口

小桥流水人家

纯生态的河水、雨水收集利用系统

曲水流觞诗情画意

金域蓝湾花园

金域蓝湾花园项目位于广州市白云区首个政府主导开发的居住区——金沙洲居住新区内，在金沙洲大桥西北侧，东侧拥有长达470多米的开阔江景，一路之隔的滨江公园是绿色生态长廊轴心，集体育、文化、娱乐休闲为一体的人文主题公园，将建筑、江景融为一体。

该项目占地 14.46 hm^2，建筑面积 55.29 万 m^2，其中住宅总建筑面积 11.14 万 m^2，总户数 1095 户，容积率 3.68，套型总建筑面积不超过 90m^2/套。

建筑布局沿江低，逐渐向西边升高，空间尺度适宜，错落有致的建筑轮廓，构成了生动的天际线。造型简约、现代，首层设 6m 高的架空层，视线可以贯通，使江景得以最好地渗透。围合的组团式布置空间流畅自然且张合有度。

点式高层与弧线组团之间营造南北向的中心绿化景观轴线，运用植被、水系等自然元素，将软、硬景观相辅相成，并将其向东西延伸到各个组团，形成了横向的游憩景观轴线，充分利用江景营造连绵不断、立体流动的景观体系，达到空间延伸的效果，并运用丰富的水景动静结合，使建筑成为环境的主体并与环境交融渗透、相互映衬。利用首层架空平台、江景平台、过街天桥等营造多种标高、变化丰富的步行路径，形成住户休息、交往、观景、行走于一体的景观活动场所，创造出丰富的生活化步行空间，打造江岸优质的生活。

参建单位

广州市鹏万房地产有限公司
中天建设集团有限公司
广州宏达工程顾问有限公司
广州市景淼工程设计顾问有限公司
广东省建筑设计研究院

鸟瞰图

总平面图

2011 中国土木工程詹天佑奖
优秀住宅小区金奖获奖项目精选

广州金域蓝湾

小区实景

临街立面

商业立面

景观节点

景观节点

金域蓝湾花园 **2011**

小区景观

临街立面

小区景观

小区景观

小区景观

成品厨房设备

标准装修

架空层

华源·博雅馨园

华源·博雅馨园住宅小区位于乌鲁木齐市西北部新市区，基地跨杭州路分南北两块。本地块规划建设用地面积约为 17.37 hm^2，总建筑面积约 34.73 万 m^2，其中住宅 31.7 万 m^2，总户数 3022 户，建筑面积 1.09 万 m^2，容积率 1.98，绿地率 38%。

从提高居民居住舒适度、降低居民生活成本和为住户创造持续的增值保值空间三个方面来实现小区的品质。

项目合理开发利用地下空间，种植适应当地气候和土壤条件的乡土植物及少维护、耐候性强的植物。

室外采用透水型地面，加强雨水回渗，改善室外环境。综合建筑节能技术的应用、太阳能一体化生活热水系统和小区有机垃圾的生物降解技术是本项目的特色之处。

参建单位

新疆华源实业（集团）有限公司
乌鲁木齐新城建筑公司
上海创霖建筑规划设计有限公司
乌鲁木齐兴盛监理公司

鸟瞰图

小区实景

华源·博雅馨园 2011

建筑立面

公共活动空间

小区一角

环境

水景花园

金科·阳光小镇

本项目地块位于重庆市九龙坡区九龙工业园区总面积43.8 km² 的华岩新城内,是内环高速路上的重要节点,地块自然形状北高南低,最大高差约37.86 m,平面形态呈规则形状。

金科·阳光小镇项目规划总用地面积26.9 hm²,总建筑面积70.3万m²,其中住宅建筑面积51.2万m²,公建及其他建筑面积18.8万m²,居住户数5230户,机动车停车位地上267个,地下3386个,容积率2.47,建筑密度26.98%。整个小区由61栋5~6层的多层及1栋中高层建筑、10栋高层住宅、1栋公寓及幼儿园、社区卫生站、社区服务用房,物管用房,商业建筑组成。设有地下汽车库。

小区有效地组织了雨水的收集和利用,并建有1500m²的人工湖,营造了良好的人工湿地生态净化系统。

项目应用门窗隔声自然通风器有效改善室内空气质量,分户楼板保温采用纤维增强轻质混凝土,并采用了太阳能景观灯、透明隔声围墙等,提升了住区品质。

参建单位
重庆市金科实业(集团)有限公司

总览图

小区立面

建筑立面

绿色成荫

建筑与绿化的融合

公共绿地

水云居

水云居位于苏州工业园区金鸡湖大道与星州街路交汇处，用地面积约 12.4 hm², 总建筑面积约 13 万 m², 总户数 540 户，容积率 0.8, 绿化率 45%, 是独墅湖边第一个低密度纯住宅区，由独立式住宅、花园洋房和高层湖景公寓组成，环境优美，空间布置灵活多样。

水云居北端为高层公寓，南部沿着 1km 水岸线设计临水独立式住宅；花园洋房设置在中部，以承担由高层公寓至低密度住宅的过渡，充分与独墅湖湖景对话。

水云居将立体构成元素与多样化的空间手法相糅合，将多种外墙材料与色彩进行混合运用，使其整体气质游离于住宅与公建之间，成功地成为独墅湖边一道亮丽的风景。水体贯穿了全局，各种形态的水空间在各支流的节点个性鲜明，并用埠头、平台、水榭的设置引导人们的行为活动，成功创造出富有生命力的环境。

建筑设计整合传统民居的院落元素，从空间的立体构成入手，将院落的概念运用在各种形态的住宅建筑单体中，它们或成为空中叠院，或改变入户方式或创建公共邻里空间，或增加相遇与交流的机会。高层住宅则巧用架空，渗透内外空间，利用高差将阳光、空气引入内部空间，创造一个半室内的园林空间。

参建单位

中新苏州工业园区置地有限公司
苏州联信工程管理咨询有限公司
上海锦惠建设集团有限公司

鸟瞰图

总平面图

小区立面

2011 中国土木工程詹天佑奖
优秀住宅小区金奖获奖项目精选

沿河景观

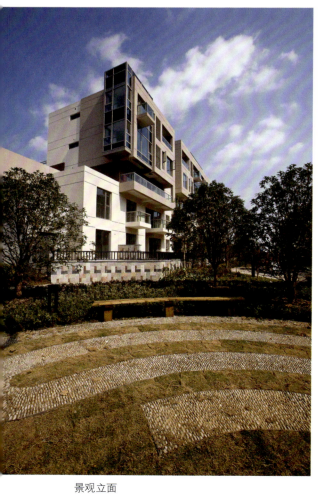
景观立面

住宅立面

景观立面

沿河景观

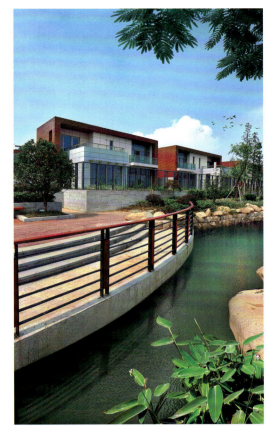

小区入口

景观节点

样板间

样板间

样板间卧室

中海紫御公馆

中海紫御公馆位于北京南城，项目规划占地面积 11.05 hm^2，建设用地面积 8.29 hm^2，总建筑面积 39 万 m^2（其中住宅部分总建筑面积 30 余万 m^2，共有住宅 2184 套，8 号楼为写字楼，建筑面积 8.8 万 m^2）。容积率 3.62；绿化率 30.5%；建筑层数地上 22 层、地下 2 层；建筑高度 63.9m。

小区机动车全部为地下停车，总车位 1178 个。1、4、6 号楼首二层为底商，楼前设有商业街及邮局、银行等各类配套设施，并独立设置了会所、幼儿园、清洁站等。该项目沿用地南北两侧布置板楼，以南低北高的半围合方式保证项目的均好性。通过楼体围合出集中绿地，在获得良好的景观视野的同时又使组团内部相对私密。

中海紫御公馆强调建筑新工艺、新技术、新材料和新设备的使用，提升项目品质感，创建健康适用的人居环境，坚持建筑及环境设计的可持续发展原则，将绿色理念引入设计当中，使其在节地、节能、节水、节材、室内环境技术等方面已达到国家绿色建筑基本要求。

规整而有序的建筑细节中同时运用抽象的隐喻：如"城垛墙"的跳跃线脚和窗套弧线形的山花浮雕，典型的"椭圆拱"门洞设计，以及用于画龙点睛的主体顶部和门厅，使得建筑风格含蓄典雅而不失精致。

小区用色彩、材料和光影交互的内景空间与建筑外景相得益彰。

小区内部园林面积达 4 万多平方米，采用围合式的景观设计理念，建筑布置于外围，内部园林连成一片，结合功能与展示、按生活与休闲两类需求组织交通流线，景观小径将各景观节点与主干道串联。在楼座间的带状绿地中，将景观空间进行分段处理，以场地标高变化、道路曲折引导，营造了开合有致、逐层递进的景观空间。南北通透户、全南向户型及精品小两居户型的巧妙结合，可以满足不同人士的生活需求。

参建单位

北京中海豪峰房地产开发有限公司
北京通宸建筑设计有限责任公司
深圳市欧普建筑设计有限公司
北京易兰建筑规划设计有限公司
中建一局集团第五建筑有限公司

鸟瞰图

中海紫御公馆 2011

总平面图

住宅立面

住宅立面

园林实景

园林实景

重庆·恒大城

重庆·恒大城项目位于重庆市南北交通大干线的渝南大道和南重庆发展东西交通干线的巴南大道（原李九路）交汇处，北面可以远观长江，具依山傍水之势。项目总占地面积约45.6 hm²，总建筑面积约118万 m²，住户约近万户；机动车停车位约6100个（地上5400个、地下700个）。

恒大城项目住宅建筑类型主要以花园洋房、中高层和高层住宅构成，主要配套由两所幼儿园、一所小学、会所、运动中心商业风情街等组成。

恒大城总体布局采用"一轴多中心"的方式："一轴"就是由南向北贯穿一条铺地景观大道，将全区自然划分为东、西两个片区；"多中心"就是在"一环"的围合区域内，由建筑群形成的多个小组团、小中心的围合。

项目以五个大型人工湖泊设置贯穿着项目的中央景观，高低错落的楼宇点缀式分布湖心两岸。所有园林景致均围绕该中央水系设置，缤纷葱绿的灌木丛遍布其中，形成特有的生态组团，享受一年四季不同变幻的自然景观主题。

本项目所有机动车辆在园区入口即直接进入地下停车库，实现人车分流的交通体系。

建筑物坐北朝南，错落有致，运用新古典建筑手法，依靠向上的坡屋顶设计，结合整体典雅的色彩，创造层次丰富的天际线，形成强烈的地标性建筑群落。

参建单位

重庆恒大基宇置业有限公司

鸟瞰图

重庆·恒大城 2011

一期小高层

休闲会所

小区实景喷泉

小区休闲亭

小区石桥

重庆·恒大城 2011

中庭鸟瞰图

中海康城花园

中海康城花园位于规划中的深圳市龙岗奥体新城北侧,项目总占地面积 3.7 hm²,总建筑面积 14.36 万 m²,其中住宅建筑面积 10.85 万 m²,公共建筑面积 1.2 万 m²,地下建筑面积 2.18 万 m²。总户数 1229 户,机动车停车位 950 个。套型建筑面积 90 m² 以下的住房面积所占比例达到住宅总建筑面积的 70% 以上。

项目由六栋高层住宅楼、一层沿街商业(局部二层)组成,地下一层为机动车停车及设备用房。未来几年内周边将形成完善的交通及公共服务体系。

规划及设计理念力求创造人与自然和谐发展的空间,坚持以人为本,充分利用周边现有资源,使设计与之相协调,与城市形成完整的界面。

本项目建筑设计通过极富造型感的屋顶,层层收分跌落的整体轮廓,营造出优雅建筑观感,既延续了细节装饰,又保留了实用功能。整体布局以轴线对称、几何形状的整体规划设计为主。项目以水景为主,喷泉有规律地分散其中,而位于园林中心的无边际泳池,利用泳池的高差,设计了大型叠水,使得环境亲切自然、欢快丰富。

参建单位

深圳市龙富房地产开发有限公司
安徽建工集团有限公司

中海康城效果图

鸟瞰图

建筑立面

2011 中国土木工程詹天佑奖
优秀住宅小区金奖获奖项目精选

小区绿化

沿河立面

中海康城花园 2011

入口夜景

景观节点

客厅样板间

客厅样板间

富力城翰湖

富力城翰湖总用地面积16.47 hm²，总建筑面积33.1万m²，容积率1.9，总户数1762户，绿地率39.78%。

规划重视所在地重庆大学城的生态自然环境和人文环境，高层、中高层和多层住宅采用点式序列围合布局，较好地适应了高差10 m以上的复杂地形，改善了通风采光，节约了用地，降低了建筑密度，获得了高达近40%绿地率的环境空间。建筑造型为现代风格，新颖别致，细部处理深入，有品位，体现一定的创新性。全部为全装修房。建筑和景观用材大量采用地方材料，使用地方树种。

环境景观设计以乡村时期的鱼塘为中心，布置了湖、渠、涌泉、喷水、叠水等形态各异的水景序列，构成小区公共绿地，并连接绕湖布局的20多栋多层院落复式住宅的组团绿地，构成生态网络格局。沿周边布局的11幢高层住宅，对景观都有较好的均享性。

参建单位

重庆富力房地产开发有限公司

高层建筑

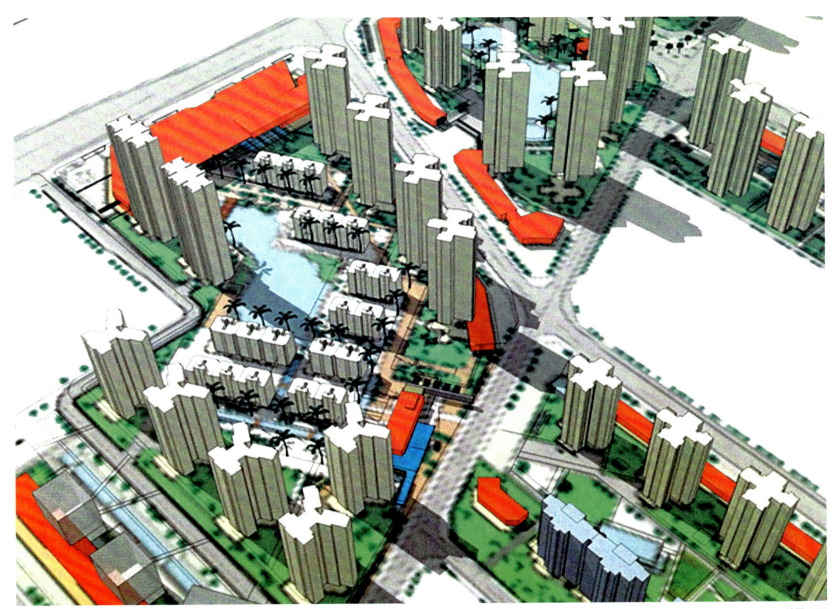
总平面图

实景图

绿荫环绕

植物茂盛

建筑侧立面

中海·熙岸

中海·熙岸位于山东省青岛市胶南市核心区域，毗邻胶南市政府，区域内不仅拥有山、海、河、生态湿地等优越的自然景观，并且医疗、教育、购物、交通等各类配套设施完善，生活极为便利。

项目总用地 8.58 hm²，总建筑面积约 24.58 万 m²，其中住宅总建筑面积 19.82 万 m²，其中套型总建筑面积为 90m² 的套型，其总建筑面积占住宅总建筑面积的 71.46%，容积率 2.4，绿地率 35%，机动车停车位 1600 个，总户数 2036 户。其中一期总建筑面积约 9.56 万 m²。

项目采用 30 层以上的高层建筑分别沿外围道路布置，18 层和 11 层住宅则布置在基地内部，由此内部围合成大尺度的庭院，空间收放有致、步移景异，形成错落有致的城市意象。

建筑以"新古典"为主题，将欧式建筑典型的造型要素运用其中，适度简化但符合古典规则的线脚以及典雅的色彩彰显设计品质。

参建单位

青岛中海鼎业房地产有限公司
莱西市建筑总公司
深圳市欧普建筑设计有限公司

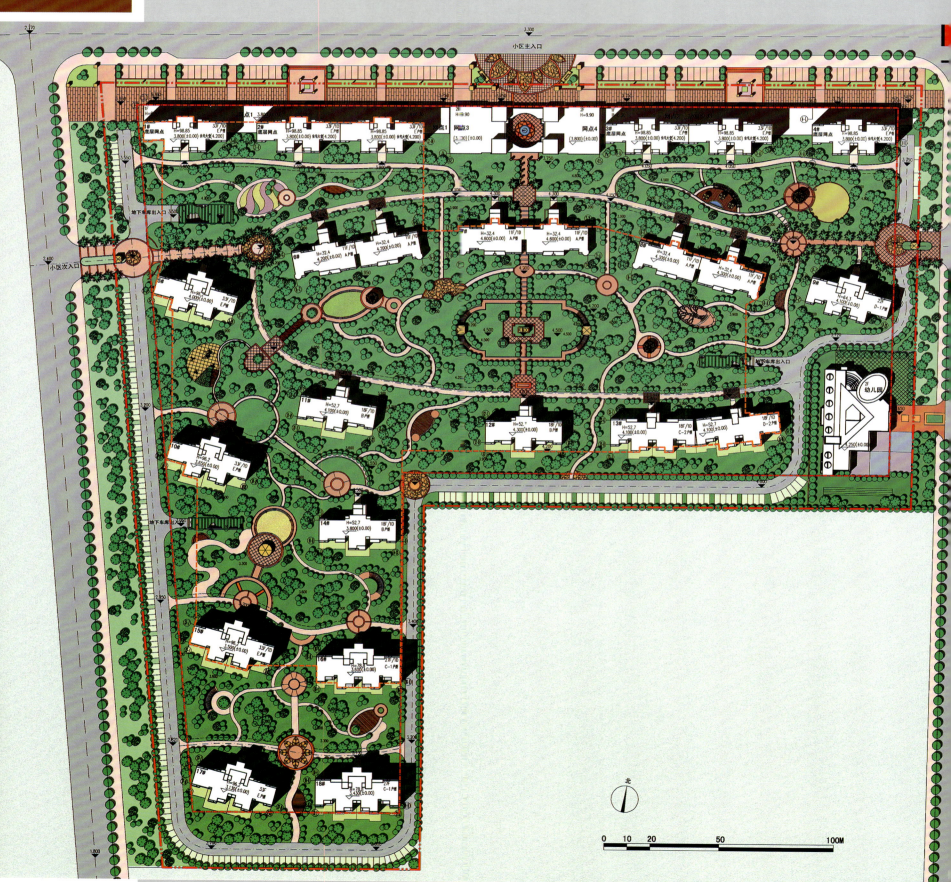

总平面图

小区住宅透视图

2011 中国土木工程詹天佑奖
优秀住宅小区金奖获奖项目精选

中海·熙岸鸟瞰图

小区住宅透视图

小区主要节点图

小区公建透视图

小区住宅透视图

中渝·爱都会

中渝·爱都会位于重庆两江新区新溉路、东湖南路交界处，项目总用地面积约 6.93 hm²，总建筑面积约 30.8 万（含地下汽车库 6 万 m²），容积率 3.5，建筑密度 34.9%，绿化率 30.5%。

项目分为南北两区，北区为板式高层住宅，南区为写字楼及商业，中间为长约 200 m、宽约 15 m 的商业街。南北区构成同一项目中不同主题的两区，相对独立，但又有机结合。区内规划了较大的绿化和公共活动空间。建筑外立面简洁明快，板式建筑全为南北向布置，自然通风采光较好，又避免西晒，有利于节能；户型以中小户型（套型建筑面积 56～110m²）为主，建筑造型、材质、色彩等体现新锐时尚的风格。

商业街与城市主干道新溉路、东湖南路相接，形成独特的半围合半开放的社区特色。南区约占 30%，由 3 栋点式商业建筑和沿街商业构成，包括写字楼、SOHO、沿街商业。建筑立面造型、材质、色彩等均具有强烈的都市感，改善并提升了本区域的城市形象。

中渝·爱都会城市功能的有机规划，意味着居住在这里的人可以同样在这里工作、创业、消费、休闲、娱乐，其城市功能的合理搭配，可以减少社会的能耗、减少交通时间、降低各项生活成本、增加本区域的经济活力。

参建单位

重庆中渝物业发展有限公司
重庆渝康建设（集团）有限公司
江苏中兴建设有限公司

总平面图

中渝·爱都会

爱都会住宅

2011 中国土木工程詹天佑奖
优秀住宅小区金奖获奖项目精选

爱都会全景图

爱都会住宅

爱都会小区入口

爱都会小区中庭实景

爱都会小区景观

爱都会幼儿园

爱都会小区内景观

珠江太阳城

珠江太阳城位于重庆市江北区北滨路,身处渝中CBD、江北步行街以及建设中的江北嘴CBD三大核心区域交汇之处。前临嘉陵江,背靠五里店,紧邻黄花园大桥,与渝中半岛凭栏而望。

珠江太阳城总占地面积22.5 hm²,总建筑面积约100万 m²,住宅总建筑面积29.25万 m²,规划居住人口1.8万,容积率3.86,是一个由中高层住宅及商业建筑群组成的大型复合滨江社区,依托得天独厚的地理环境,集地形、地貌之美于一身。本项目将建设成为集办公、购物、餐饮、娱乐、休闲等多功能于一体的城市新核心。

该项目规划中对地形进行合理整治,做到开合有度、高低错落,建筑与环境相结合,社区内部空间形态丰富多样,又具有可识别性,结合地形设计的退台式中央绿化休闲广场是进行活动、锻炼、游戏、休憩的主要场所;广场内以林木、草坪为主要的环境构成元素,构筑起伏平缓的景观带,点缀各种花卉、树木、卵石等,成为社区天然雕饰的风景。

建筑采取点式布局,留出了通透的观江视觉走廊,为整个小区创造出绿树成荫、山势连绵、江水盈盈的城市立体生态环境。

高层塔式住宅楼通过阳台梁、凸窗、装饰梁等丰富的立面构件、采用虚实对比及色彩的运用营造出简洁、现代、清新明快并且变化丰富的建筑形象,呈现出挺拔峻朗的体量感。

参建单位

重庆珠江实业有限公司

鸟瞰图

珠江太阳城整体

2011 中国土木工程詹天佑奖
优秀住宅小区金奖获奖项目精选

景观节点

立面景观

小区全景

经典巴厘岛风格——强调巴厘岛的三大元素与环境的自然结合

厨房样板间

客厅样板间

样板间

恒大华府

恒大华府位于重庆两江新区核心，背倚千年照母山，紧邻万仞古木峰，四大公园环伺簇拥。总占地面积 21 hm²，总建筑面积约 38 万 m²，容积率 1.8，绿地率 30%，居住总户数 1264 户，由 3 栋 4+1 层纯板式电梯多层洋房和 56 栋 11 层纯板式中高层住宅组成。

小区定位为山水园林小区，在有限的空间里让住宅建筑与山水景观融合。多层建筑面临中心绿地的水面，中高层建筑布置在中心绿地南面和靠近城市道路周边，减少相互干扰，并取得较好的景观效果，较好地融入小区西面的照母山公园和东、北、南三面形成的城市空间。

小区结合西高东低的地形、地貌，尊重原有自然环境，利用自然排水，在较低洼的中心地区构筑水体，营建小区公共绿地，通过绿廊连接各组团绿地；植物配置注重植物群落与生态系统的重构。道路流畅，植物丰茂。道路两侧设置砾石明沟，地表径流经砾石明沟与湿生植被有效拦截、过滤后进入水体。沿湖设观景平台与休闲设施，恬静而闲适。湖畔休闲步道蜿蜒曲折，步移景异。

参建单位
重庆恒大基宇置业有限公司

小区与河景花园的融合

沿岸建筑

建筑鸟瞰效果图

沿河立面

恒大华府 **2011**

幽幽小路

一层商圈

暨阳湖一号

暨阳湖一号地处苏州市张家港城南暨阳湖板块，南面正对着张家港唯一的大型湖泊主题生态区——暨阳湖公园。项目总占地面积近 23 hm²，总建筑面积约 15 万 m²，容积率为 0.6，绿地率为 56%。

暨阳湖一号利用暨阳湖主题生态区的地理优势，精心规划"一湖两轴二十二岛屿"的内河外湖双水景居住环境，把岛域、河流、湖景、绿色、空气自然地结合起来，使整个项目和暨阳湖生态园区有机地融为一体。

整体规划布局凸显了"环水双轴自由式"的概念。即项目地块三面环水，天然围合；东西两条纵轴，贯穿南北又汇合到达两个出入口；以双轴为经纬，形成东区、中心区、西区三个自由式组团；以水系为脉络，形成22个紧密联系又相对独立的自由岛。

该项目规划了双拼、联排、叠加、类独栋等建筑形态的 400 余幢住宅；从主干道进入各岛居组团的是上面行人下面行车的立体交通道路，一进入岛屿组团车辆便行驶在架空层地面，分别到达每户私家车库。架空层平台上整个空间则用来造景植绿、供人休闲，同时考虑到车辆驾驶人的视觉感受，在架空层上有选择性地开了采光井，来弱化视觉上的差异。

每户都配有专属的私家电梯、中央新风系统、中央吸尘系统、分质供水系统及数字化智能家居系统，提供了更为安全、舒适、便捷的数字家居生活。

参建单位

江苏沙钢集团宏润房地产开发有限公司
艾奕康环境规划设计（上海）有限公司
深圳市建筑设计研究院总院有限公司

鸟瞰图

暨阳湖一号 **2011**

总平面图

沿河住宅

小区整体

曲径通幽

2011 中国土木工程詹天佑奖
优秀住宅小区金奖获奖项目精选

沿街立面

小区侧立面

小区内景观

小区中心景观

小区沿河绿化

小区绿化

门禁系统

金科·10年城

金科·10年城项目位于重庆市江北区大石坝组团和北部新区大竹林交界的石子山大竹林片区。南面及西面为江北区，北面及东面为北部新区，总用地面积14.17 hm²，总建筑面积27.85万 m²，容积率2.5，总户数1876户，建筑密度23.8%，绿地率35%。

项目用地属于典型的重庆山地丘陵地貌，地形较复杂。规划设计尽量保留地块的自然地貌，建筑疏密有致，功能组织合理，较好地节约了土地资源，不仅减少了土石方量，也减少了开挖与运输能耗。建筑风格简洁明快，注重功能。多层住宅通过退台、交错、镂空采光井的形式，形成"退、错、露、院"的建筑特色。高层住宅以中、小套型为主，合理紧凑，朝向良好。组团间绿带结合地形和水景彰显自然生态，住宅间组织了丰富的中庭院落空间。

建筑外墙采用装饰生态板，规划设计了雨水收集处理系统等。

参建单位
重庆恒大基宇置业有限公司

总平面图

建筑立面

2011 中国土木工程詹天佑奖
优秀住宅小区金奖获奖项目精选

住宅侧立面

小区入口

2011 金科·10年城

楼前绿化

园林风韵

小区泳池

绿化景观

住宅立面

水景一角

65

北京市丰台区东铁匠营38号

北京市丰台区东铁匠营38号项目总用地5.21 hm², 规划总建筑面积15.5918万m², 其中地上住宅建筑面积14.441万m²、地上公共服务设施建筑面积0.2805万m²、非商业配套面积0.2352万m²。地下建筑面积1.0320万m²。本项目由8栋6～29层住宅楼及四栋配套建筑组成, 为现浇钢筋混凝土剪力墙结构, 小区绿化率30%, 容积率3.0, 机动车位比1：0.3。

小区以南北通透的高层板式建筑为主, 与低层的商业和幼儿园构成富有变化的组团空间, 降低了高层的压迫感, 多彩的景观园林, 在增加绿色生机的同时点缀了些许人文气息。

本项目提供了1777套保障性住房, 其中两限房1585套, 廉租房共192套, 按照《北京市廉租房、经济适用房及两限房建设技术导则》的要求, 两限房中60 m²以下的一居213套、90 m²的两居1372套; 廉租房中33 m²的一居96套、44～48 m²的两居96套。

参建单位

南通建筑工程总承包有限公司
北京万科企业有限公司
金丰环球装饰工程（天津）有限公司
南通市中南建工设备安装有限公司

侧面建筑

北京市丰台区东铁匠营 38 号 | 2011

沿街立面

鸟瞰图

2011 中国土木工程詹天佑奖
优秀住宅小区金奖获奖项目精选

建筑立面

景观节点

侧面建筑

建筑立面

步行入口

北京市丰台区东铁匠营 38 号

景观节点

绿化景观

绿化景观

小区雕塑

2012 年

北京中信城（大吉危改项目）
北京雅世·合金公寓
北京华润·橡树湾 C2 区
越湖家天下
岭南新苑
五一阳光锦园
通州运河东岸
万科·锦程
龙湖·源著一期
万泰春天花园
中海·海悦花园五区
东方维罗纳
张家口龙兴润城
龙湖·三千城
华宇·金沙时代
置地甲江南二期
建工·宋家庄家园
湖语花园
中海凤凰熙岸
中海万锦东苑
地中海蓝湾
华新一品
金科·中央公园城
泽京·普罗旺斯国际公馆
华润二十四城
成中·骏逸江南
观山湖 1 号
中渝·滨江一号 A 区
锦邻缘
康居西城

北京中信城（大吉危改项目）

北京中信城（大吉危改项目）位于北京市西城区菜市口东南角，是北京市中心城区的旧城改造重点项目。项目规划占地总面积 43.65 hm^2，地上总建筑面积 125.15 万 m^2，其中居住区总建筑面积 75.15 万 m^2，市区级公建面积 50.0 万 m^2。

项目所在地块大吉片地区曾经是宣南文化的发源地，但历经沧桑却已成一片密集低矮的危房，城市基础设施也显得十分落后。中信城项目的建设，既延续了地块的历史文化风貌，又有效改善了整个地区的城市功能和面貌。

引入宣南文化的核心精神——"开放、交流、融合"作为规划导向概念，着力于对地域文脉的完美诠释，对用地范围内文物建筑的保护和利用，是项目规划设计的出发点。规划按照旧城改造与历史风貌保护相结合的原则，完整保留了粉房琉璃街及其两侧20余处四合院，保留了南海会馆（康有为故居）、梁启超故居、李万春故居等9处文物，并将其有机地纳入了园林景观体系。将医疗、教育、社区服务、金融、商业等配套项目合理布局在整个项目中。地块内还原址保护了16棵百年古树，百余棵原生树木，规划了2.95 hm^2 的城市集中绿地，最大限度地保持了区域内本地生物物种的历史延续。

经过文物部门批准，对地块内的"潮州会馆"、"关帝庙"（潘祖荫祠）、"会同四译馆"等三处重点文物就近进行抢救性迁建并赋予文化教育服务功能，使其成为颇具特色的古建文化广场。古建重新焕发生机的同时，融入社区居民的现代文化生活。

屋顶绿化、雨水收集与利用、节地、节能、节水、节材以及建筑智能化系统的运用都成了该项目的亮点。

参建单位
北京中信房地产有限公司
北京市建筑设计研究院
中国建筑技术集团有限公司
中国建筑标准设计研究院
中国航天建筑设计研究院（集团）
中信国华国际工程承包有限责任公司
通州建总集团有限公司
中建保华建筑有限责任公司
北京紫光绿化工程有限公司

鸟瞰图

北京中信城（大吉危改项目） 2012

关帝庙

鸟瞰园区

2012 中国土木工程詹天佑奖
优秀住宅小区金奖获奖项目精选

沁园全景图

和谐之园

北京中信城（大吉危改项目）

沁园园林

沁园车库

小区石路

沁园美景

景园园林

鱼翔浅底

北京雅世·合金公寓

北京雅世·合金公寓位于北京市海淀区西四环外永定路，由两栋公建和八栋6～9层的住宅组成，总用地面积2.2147 hm²，总建筑面积7.78万 m²，容积率2.2，绿地率31.03%，总户数486户。

北京雅世·合金公寓是中国第一个以整体集成创新的工业化体系建造的技术集成住宅项目。北京雅世合金公寓，以国际先进住宅可持续建设理念、从我国住宅产业化发展方向出发，针对当前我国住宅存在的一些问题进行了关键性技术攻关和体系化实践探索。

北京雅世·合金公寓以绿色建筑全生命周期的理念为基础，对保证住宅性能和品质的规划设计、施工建造、维护使用、再生改建等技术进行集成创新应用，研发实施了SI住宅体系的长寿命化技术和工业化部品，其住宅主体结构部分与内装及管线相分离，提高了主体结构的耐久性能，不仅住宅在使用寿命中能够较便捷地进行内装改造与部品更换，且同时使套内空间更具舒适性、灵活性和适应性。项目针对大量建设的中小套型功能空间设计，提出了家庭全生命周期的解决方案，对综合性门厅、交流性客厅及餐厨、多用性居室、分离式卫浴、家务性厨房及家具性收纳等六大功能系统进行了系统性探讨。

参建单位

中国建筑设计研究院

雅世置业（集团）有限公司

中建一局集团第三建筑有限公司

建筑立面

住宅立面

1. 社区出入口
2. 原有树木林带
3. 沿市政道路商业街
4. 8,10号公建栋
5. 1,2,3,4,5,6,7,9号住宅栋
6. 社区中心庭院及入口庭院
7. 株间庭院
8. 地下车库出入口
9. 街角公园

总平面图

公寓入口

2012 中国土木工程詹天佑奖
优秀住宅小区金奖获奖项目精选

满园春色

中心景观

4号楼外景

散步道

2012 中国土木工程詹天佑奖
优秀住宅小区金奖获奖项目精选

客厅样板间

内装修

厨房

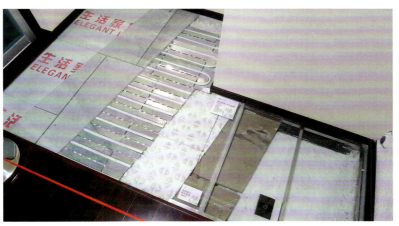

架空地板干式采暖

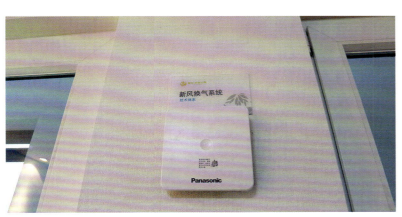

新风换气系统

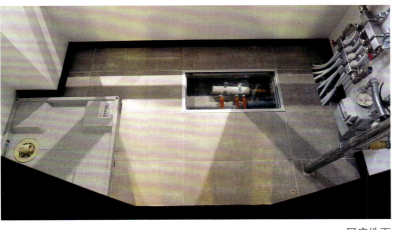

厨房地面

干湿分离卫生间

北京华润·橡树湾C2区

北京华润·橡树湾C2区位于北京市海淀区,地处上地信息产业基地、中关村商圈、亚奥商圈的黄金交界地。橡树湾的建设始于2005年8月,项目总占地约31 hm²,总建筑面积约76万 m²,其中包括56万 m²的住宅,与20万 m²的大型商业、教育等配套设施。华润·橡树湾共分为6个住宅地块,2个商业公建地块,2个集中绿化地块。

"北京华润·橡树湾C2区"重点打造了清河北道,保留该道路范围内大部分的现存大树,将其重新组织到街道景观当中,并在路北侧设计有一层高的沿街商铺,与路南侧的商业金融中心和体育公园相呼应,形成完整的城市公共空间体系以及和谐有机的城市街道形象,营造出一条商业景观步行街,不仅为城市做出了贡献,更赋予了城市道路一种社区化的性质,模糊了各地块分散的局面。

本案对各地块的主要出入口,尤其是主要步行入口均做了重点处理,强调了不同居住组团的可识别性,各个形态不同的中心花园和庭院式空间有机地分布在各住宅组团之中,增强了居住者的归属感。

北京华润·橡树湾C2区实践的户内增值服务收纳体系,是该项目的一大特点,不仅实现了对住宅空间的最大化利用,还有效地促进了住宅精细化设计的进程。通过战略合作方式,各部件实现在工厂的规模化定制生产,大大提高了施工的速度与质量,通过合理的、前置的标准化设计达到模数化、批量化、工业化的生产与采购,从而获得提高质量、降低成本的效果,更有市场竞争力的价格优势。

参建单位
中国建筑科学研究院
中国建筑第八工程局有限公司
北京兴电国际工程管理有限公司
北京优高雅装饰工程有限公司

总平面图

夜景灯影呼应

北京华润·橡树湾C2区 **2012**

鸟瞰图

门厅柜收纳体系

住宅立面

水、景、楼相互掩映

越湖家天下

越湖家天下位于苏州吴中区、越湖开发区吴中大道南侧、西塘河西侧。建筑用地面积 9.41 hm^2，总建筑面积 12.60 万 m^2，容积率 1.34，绿地率 37%，住宅总户数 972 户，机动车停车位 818 个。

规划利用用地东侧的滨水景观，布置多层住宅组团，与北侧的高层相结合，构成丰富的天际线。总体空间结构清晰，内环式路网既使交通便捷，也使组团规模较为适宜。从河岸的休闲步行轴线，到南北贯通的集中式景观轴线，以及分组团中心绿化，再到人与建筑相结合的生活空间四级序列，层次分明；局部灵活的错落式布局、低密度退台式多层和高低错落的高层，突出了社区整体建筑形态的丰富性和各个景观节点的可识别性。建筑设计套型多样，套内功能分区明确，基本功能空间齐全，尺度适宜，平面布置紧凑、合理。

环境设计分别以"花样年华"、"水趣鸣音"、"黄金时代"、"绿野仙踪"等为主题划分空间。乔木、凉亭、木平台在水边为人们休息提供遮阴休闲之处，局部区域的涌泉、花钵喷水等不同形式的水景增添了情趣。

老人活动区和儿童游乐区相邻设置，形成"老幼天堂"。

参建单位

江苏吴中地产集团有限公司
上海杰斐仕建筑设计有限公司
苏州工业园区设计研究院股份有限公司
江苏通州四建集团有限公司
浙江舜江建设集团有限公司

鸟瞰图

越湖家天下 **2012**

小区立面

小区内景观

多种植物丰富结合

区内景观

沿街商业

地下车库入口

建筑细面

植物葱郁

建筑景观细部

太阳能利用

岭南新苑

岭南新苑是财富天地广场项目内的住宅小区，地处广州市荔湾区西湾路，原广州水泥厂地块，总建筑面积24.6万 m^2，容积率为2.17。规划设计巧妙地利用地形高差起落，在建筑主体围合地域之间建造有近1.1万 m^2 的岭南特色中心园林，并借地势之利建造中央叠水瀑布景观及具有自然通风采光的地下停车场（达1.5户：1车位）。

岭南新苑建筑外立面以青灰、素白为主色调，以瓦蓝、暗砂红为衬托，局部选用透明玻璃、木质龙船脊、趟笼、灰砖等材料搭建天井、骑楼、满州窗、八角亭等岭南艺术形态建筑风貌，彰显浓郁的地域特色。根据岭南地区气候特点，住宅套内设计增加了入户花园和休憩阳台（占70％户型），形成了南北对流，提高了居住的舒适度，通过自然手段达到节能的目的。小区内配套较完善。

参建单位

广州市越汇房地产开发有限公司
广州城建开发设计院有限公司
广州城建开发工程咨询监理有限公司
广州市第三建筑工程有限公司
广州市第四建筑工程有限公司

岭南特色建筑立面俊俏挺拔

岭南新苑 **2012**

俯瞰岭南新苑全景

公建配套－广雅小学

岭南新苑南侧中水处理景观池

岭南特色中心园林亭台水榭

洗手间样板间

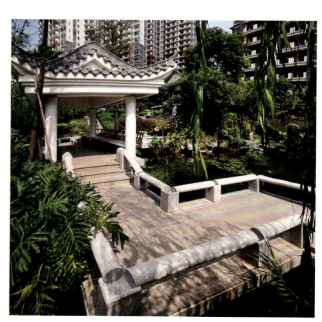

岭南新苑园林一侧

公园环绕的岭南新苑

五一阳光锦园

　　五一阳光锦园位于天津武清区，建筑用地面积 12.71 hm^2，总建筑面积 25.54 万 m^2，容积率 1.77，建筑密度 26%，绿化率 35.9%，住宅总户数 2196 户，机动车停车位 1220 个。

　　规划设计注重与城市的自然亲和，在强国道主入口一侧设幼儿园，并结合右侧广场形成社区的对外界面，既方便服务整个片区，又有利于与外部城市环境形成自然亲和的关系。由南往北采用多层、中高层及高层由低到高过度布置，既形成连续的城市界面，又获得良好的通风日照效果。用大量绿化和小品使市政道路成为景观大道，形成小区环境的一部分，将住宅与城市完全融合到一起。

　　为满足不同客户的需求，该项目设计了 18 种单元，含 30 余种套型，主体套型建筑面积为 85m^2／套至 110m^2／套。设计充分考虑自然通风、采光及开阔的视野，注重现代生活模式，外檐风格明快。

　　小区主入口时尚大气，市政道路绿化两个层面，丰富宜人，中心景观具有特色。植物选用当地树种，种类丰富，采用樱花、合欢等开花树种，银杏、红枫、果树等秋色叶树种，以及榆叶梅、山桃等开花灌木，实现了四时有花、处处有花的效果。

参建单位

天津市五一阳光投资发展有限公司
天津市建工工程总承包有限公司
天津市武清区建筑工程总公司
天津开发区泰达国际咨询监理有限公司
天津华汇工程建筑设计有限公司

总平面图

水景

中高层建成效果

高层建成效果

宅间绿化

通州运河东岸

通州运河东岸居住项目位于北京市通州区运河东岸。地块分为南、北两块,玉带河东大街自该地块中间穿过。项目总建设用地面积 10.1345 hm²,项目规划总建筑面积 30.94 万 m²,其中地上建筑面积 25.34 万 m²,地下建筑面积 5.61 万 m²。本工程由 1～25 号楼、幼儿园、开闭站、南区地下车库及北区地下车库组成。结构形式为现浇钢筋混凝土剪力墙结构,小区绿化率 37.5%,容积率 2.5,机动车停车位比 1:0.795。

住宅采用南偏西 15°的布置形式,采用南北通透的板式建筑,有利于场地通风并有助于室内空气质量的提高;小区内景观园林特色鲜明,与栅栏外的运河文化观光带连为一体,增加绿色的同时也点缀了深厚的人文气息。

参建单位
南通建筑工程总承包有限公司
南通市中南建工设备安装有限公司

映河高层全景

沿河立面景观

通州运河东岸区内环境

新华联模块图

休闲设施

通州运河东岸

沿河立面

通州运河东岸地下车库入口

卧室样板间

厨房样板间

万科·锦程

本项目位于重庆渝中区大杨石组团原河运校地块，用地东侧被市政规划道路分隔成大小两块。用地呈L形，属剥蚀残丘斜坡地貌，东北部及中部地势低，整体地势高差14.5m。项目总用地面积10.55 hm^2，总建筑面积64.04万m^2，其中住宅36.37万m^2，总户数4148户，容积率5.06，绿化率30%，包含花园洋房，高层住宅，商业办公以及相关配套用房等。

本案的设计因地制宜，根据不同物业形态的建筑功能对不同地形、地貌进行合理利用，在充分考虑规划的整体性和均好性的前提下，最大限度地发挥土地的综合效益。

利用高层建筑的体量构成连续并富有韵律的主立面，形成大区域的围合效果；而临街商业裙房通过平面的错落进退，形成丰富多变的城市空间效果；层层退台、空间丰富变化的小体量，构成尺度宜人、层次丰富的围合空间。东北侧被规划市政道路隔开的小地块则布置为小区服务的12班幼儿园。

小区内部车行道均布置在用地外环，其余消防车道仅在紧急情况时允许通车，平时限制车辆的进入。在临近小区车行主出入口处及外环车道上设地下汽车库出入口，将大部分机动车辆引入地下停车场，使车流与人流大部分分开。环路式的车行系统，最大限度地减少了车道对居住区秩序和步行环境氛围的干扰，并且为连贯的步行系统的形成提供了可能。

参建单位

万科（重庆）房地产有限公司
重庆万泰建设（集团）有限公司

总平面图

建筑效果图

小区景观效果图

商街夜景效果

小区一景

龙湖·源著一期

龙湖·源著一期位于重庆市江北区石马河街道石子山村，于新牌坊新南路西段，建筑用地面积 7.38 hm²，总建筑面积 19.99 万 m²，容积率 1.49，住宅总户数 2233 户，机动车停车位 698 个。

项目用地属于典型的重庆山地丘陵地貌，地形较复杂。规划设计尽量保留地块的自然地貌，较好地节约了土地资源，不仅减少了土石方量，也减少了开挖与运输能耗。建筑疏密有致，功能组织合理，建筑风格简洁明快，注重功能。多层住宅通过退台、交错、镂空采光井的形式，形成"退、错、露、院"的建筑特色。高层住宅以中、小套型为主，合理紧凑，朝向良好。组团间绿带结合地形和水景彰显自然生态。住宅间组织了丰富的中庭院落空间。

项目外墙采用装饰生态板，规划设计了雨水收集处理系统等。

参建单位
重庆嘉逊地产开发有限公司
重庆拓达建设（集团）有限公司
重庆万泰建设（集团）有限公司
重庆源道建筑规划设计有限公司
重庆联盛建设项目管理有限公司

总平面图

鸟瞰图

公共区域

2012 中国土木工程詹天佑奖
优秀住宅小区金奖获奖项目精选

鲜花绿地环绕的建筑

建筑侧立面

园区美景

茂盛植物

曲径通幽

万泰春天花园

万泰春天花园位于广东省汕头市东区40街区，南临城市干道韩江路，南面可远眺大海。项目总用地4 hm²，总建筑面积13.10万 m²，其中住宅建筑面积10.22万 m²，住宅总户数594户，容积率2.64，绿地率43.5%，机动车停车位713个。

整个小区充分考虑汕头当地气候、居住习惯及景观共赏性，住宅布局讲求南北朝向，在日照、通风、景观方面均具有均好性。以典雅的建筑风格、人性化的空间尺度营造出优雅怡人的居住氛围。不同层次和颜色的植物配置彰显各具特色的绿化空间，并以此为背景设计出趣味盎然的景观步道网络，营造不同的园林造景层次。

套型设计方正，客厅与主卧的设计符合潮汕地区的居住习惯，各功能房的分布和面积均考虑住户生活的舒适度进行合理的划分，并且在设计中运用健康理念，保证每套住宅拥有阳光客厅、卧室及餐厅的同时，每个卫生间都能自然通风和采光。

参建单位

广东联泰房地产有限公司
汕头市达濠市政建设有限公司
汕头市建筑设计院
广东绿洲园林有限公司
广东联泰集团物业有限公司

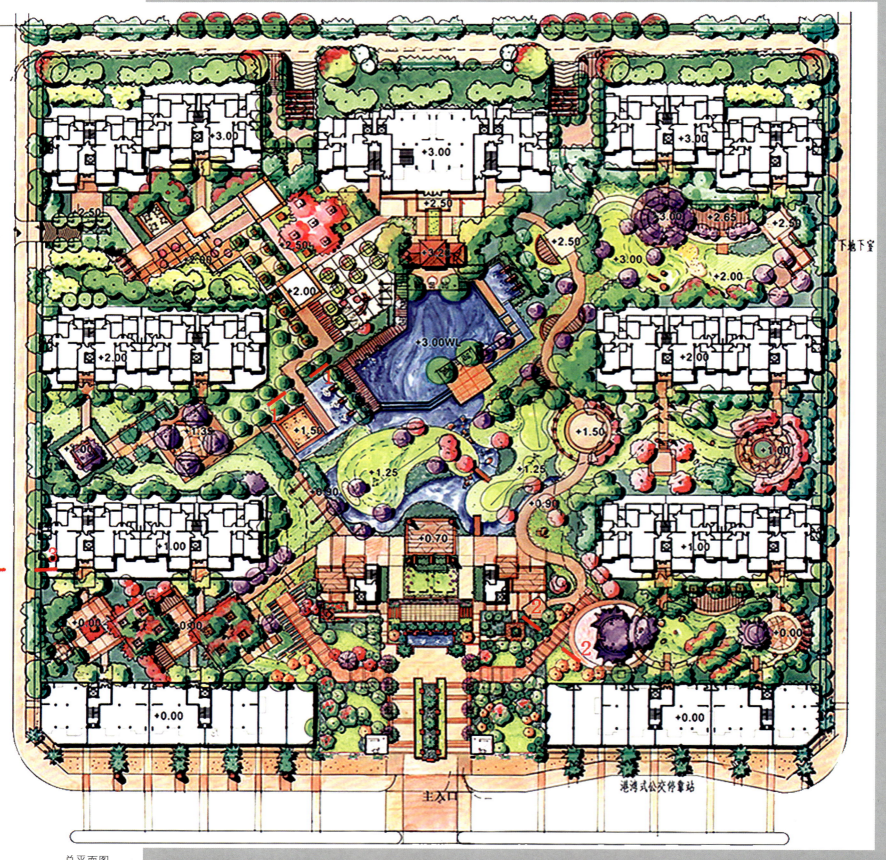

总平面图

园林景观

建筑立面

园心建筑图

2012 万泰春天花园

园心鸟瞰图

侧立面景观

中心水景生态水体循环

园林景观

中海·海悦花园五区

中海·海悦花园五区总用地面积 5.18 hm²，总建筑面积 12.03 万 m²，其中住宅 8.93 万 m²，总户数 396 户，容积率 1.83，绿化率 46.5%。

建筑布局充分利用项目的景观资源，采用"南低北高"的形式。南北中轴形成"门"——"庭"——"苑"，依次展开小区主入口、中央庭园、北侧景观河道。中轴往东与东北角湿地公园融合形成中央花园；往西形成南北两个院落，组成层次丰富、错落有致的建筑空间。

户型设计注重体现苏州"归隐自然"的文化特点，设计了室内花园及景观阳台，充分吸纳景色，为高层住户提供良好的与自然接触的场所。

该项目从经济适用、节能环保方面出发采用了大量的先进新技术与新材料。

该项目采用了标准化全装修技术，减少了业主为装修住房所费的精力，避免业主自行装修改变房屋结构所造成的安全结构隐患和渗漏等质量问题，保证了住宅整体质量。

参建单位

中海发展（苏州）有限公司
苏州市规划设计研究院有限责任公司

鸟瞰图

总平面图

中海·海悦花园五区 **2012**

中海国际社区五区沿街立面

中海国际社区五区立面

中海国际社区五区南入口

中海国际社区样板房

东方维罗纳

东方维罗纳位于苏州工业园区北部的中新生态科技城东侧,靠近阳澄湖,总用地面积11.65 hm²,总建筑面积20.29万 m²,其中住宅建筑面积14.78万 m²,总户数1767户,公建面积5.51万 m²,容积率1.46,绿地率50.6%。小区分为高层居住组团、多层居住组团、低层居住组团及商业组团四部分,分区管理。

东方维罗纳注重细节处理,具有浓厚的文化气息和华贵典雅的气质。低层、多层建筑尺度近人,立面丰富有致;高层建筑造型注重与外部周边环境的有序协调,同时与内部建筑和谐统一。通过空间的渗透、微地形的起伏、人行小径的梳理、植物种类的组合等手法,营造出了优雅的栖居环境;在有限的空间里,充分考虑对景、框景、远眺、近看等多层次空间的组织,在视线的开、承、转、合等方面精心设计,达到步移景异的效果,带来大空间感。

精心布置的庭园、蜿蜒曲折的园路,与自然亲密接触;儿童游乐及益智区、健身区等,打造出适合不同年龄层居民的活动空间。

参建单位

中新苏州工业园区置地有限公司
南通五建建设工程有限公司
中建六局第三建筑工程有限公司
华仁建设集团有限公司
江苏国信工程咨询监理有限公司

苏州中新240A地块景观设计

总平面图

东方维罗纳 **2012**

绿地簇拥的小区

住宅立面

立面

景观节点

样板间

张家口龙兴润城

张家口龙兴润城小区位于张家口市高新区站前西大街10号，项目总用地面积约6.2 hm²，可用地面积约5.81 hm²。项目总建筑面积约13.4万 m²，地上总建筑面积约11.7万 m²。容积率2.0，绿地率为41.66%。

项目规划以纵向中心绿地为核心，作为公共活动空间，围绕公共绿地布置的高层板式住宅组成院落，形成居民之间交往活动的半私密空间。根据地块特点，住宅采取南低北高的布置形式，每套住宅均有良好的自然采光通风条件，沿中兴北路及站前大街布置配套商业设施。小区设有南和西两个出入口，封闭式管理，道路采用人车分流的布置模式，机动车道沿小区外围布置。设有地下汽车库及部分地上停车位。

套型设计合理。该小区共有16栋住宅，共872户，均为板式高层建筑，一梯两户，每户都有两个以上的居住房间朝阳。注重立面设计，主色调为中式灰色带白色线条，古朴典雅，不失现代感。

采用地源热泵系统供暖，还在光线照射条件好的位置设置了太阳能灯。整个小区景观绿地、水系、亭台、广场相结合，实现了四季见绿三季有花。

参建单位

张家口龙兴宏基房地产有限公司
北京梁开建筑设计事务所

总平面图

鸟瞰图

中心景观

景观节点

楼前绿化景观

内部环境

龙湖·三千城

龙湖·三千城位于成都市城东成华区二环路东二段，建设北路三段2号，原为719旧厂址，为旧城改造项目。总用地面积7.15 hm²，总建筑面积46万 m²。小区由5栋34层高层住宅以及4栋6+1层多层电梯楼房组成，总户数2835户。其中高层住宅2611套为全装修住房，占项目住宅总量的90%。项目容积率为5，绿化率33%，市场定位为高品质普通商品房。

小区规划布局合理，高层、多层住宅组团围合布置，空间错落有致，增加归属感，并配以集中商业、幼儿园等配套设施，创造人居和谐环境。住宅楼自然采光通风好、道路系统构架清晰，小区绿化环境好，并以地方性乡土树种为主。

整个园区底层相对市政道路抬高5.45m，避免底层住宅与地面直接接触，减少湿气影响，达到防潮效果，同时充分利用这部分空间，设置了车库、休闲座椅、锻炼器材以及儿童活动场地，既丰富了业主的娱乐生活，又提供了雨天室内活动的空间。整个小区的机动车库布置在地下室，极大地节约了地面空间用地，使小区住户远离尾气、噪声以及安全上的困扰。交错的采光井设计，让车库回归自然。

参建单位

成都龙湖同晋置业有限公司

鸟瞰图

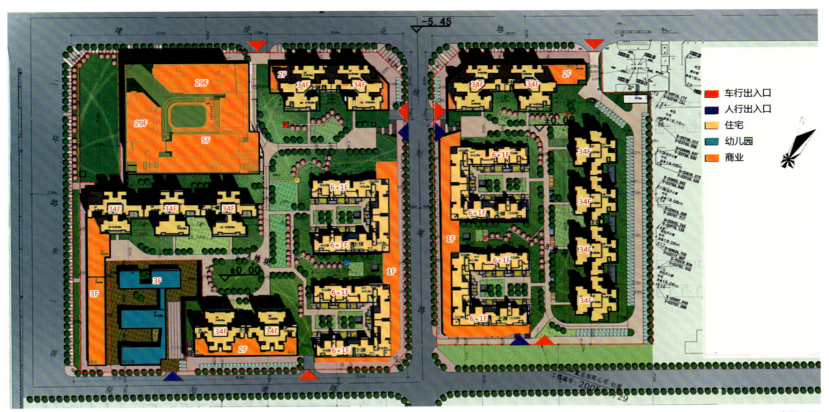

总平面图

高层绿地

高层

小区入口电梯

小区架空层健身设施

洋房夜景

小区两地块间步行街

错落的植物

利用洋房屋顶绿化

样板间

样板间

华宇·金沙时代

华宇·金沙时代位于重庆市沙坪坝区石门大桥旁（华宇·金沙港湾旁），总用地面积 6.9 hm²，总建筑面积约 45 万 m²，总户数 4635 户，容积率 4.84，绿化率 38.68%。

华宇·金沙时代积极倡导"低碳"的生活方式，规划布局大部分住宅南北朝向，并强调居住空间的通透性，建筑外立面竖向线条挺拔现代，横向线条细腻丰富，体现居住建筑应有的可识别性、亲切性。建筑物的色彩主要以淡雅、明快的赭石色为基调，局部墙面的划分采用色差较小的调和色，它使建筑物在绿色大环境中更加突出和稳重。

项目环境景观设计利用原生地形地貌，通过对景与借景手法，以树阵、花坡、水景及精心设计的绿色景观通廊贯穿小区，营造简约欧式特色生态园林社区。

参建单位
重庆华宇物业（集团）有限公司
中冶赛迪工程技术股份有限公司
重庆华姿建筑工程有限公司
重庆兴宇工程建设监理有限公司

鸟瞰图

总平面图

1. 主入口
2. 次入口广场
3. 入口跌水景观
4. 主入口广场
5. 入口自由水景
6. 风情廊架
7. 中央集会广场
8. 花带
9. 特色水景
10. 游泳池
11. 健身园
12. 水舞喷泉园
13. 叠水广场
14. 太极园
15. 鸟语天堂
16. 篮球场
17. 鹅毛球场
18. 晨练步道
19. 私家花园
20. 文艺小广场
21. 儿童乐园
22. 幼儿园
23. 回旋广场
24. 叠水溪涧广场

挺拔俊朗的外立面（实景图）

小区中庭水景实景图

小区大门入口景观（实景图）

置地甲江南二期

置地甲江南二期坐落在张家港城西新区，靠近暨阳湖生态区，地理位置优越，居住环境成熟，绿化环境优美，别具"忆江南"的意境；总用地面积 6.44 hm²，总建筑面积 12.14 万 m²，容积率 1.50，住宅总户数 647 户，绿化率 40.61%，机动车停车位 498 个。由高层住宅、独立式住宅等组成，共有住宅 1285 套，预计居住 4498 人。

两道景观轴十字相交，自然地分割出四块居住组团。其中，东西向的中央景观带是交往、运动的场所；南北向的生态轴则实现住户的休憩与漫步。生态轴中地形的小小起伏，形成了微妙的围合感，使高层住户在地面的活动更有归属感。地块西北角对城市转角的退让，又拉近了小区和城市生活的距离。

整个小区立面造型以简洁明快的现代风格为主，板式高层采用大面宽大进深的阳台，进行错层布置，给立面带来强烈的节奏感，形成小区的标志性形象。点式高层造型挺拔，宽敞的落地转角窗将绿地景观纳入视野。独立式住宅则追求建筑细节的高品质，每户两个车位的半地下车库满足家庭的长远需求，下沉庭院使地下空间均有良好的自然采光和通风环境，同时还预留了未来增设电梯的空间条件。

参建单位

张家港中新置地置业有限公司
上海亚来建筑设计事务所
中国建筑第八工程局有限公司
浙江博大环境建设有限公司
上海源景景观设计有限公司

鸟瞰图

绿树环绕建筑

2012 中国土木工程詹天佑奖
优秀住宅小区金奖获奖项目精选

建筑景观

建筑侧立面

建筑景观

绿荫人家

建工·宋家庄家园

项目位于北京市宋家庄,建筑用地面积13.44 hm², 总建筑面积35.12万 m², 容积率3.12, 绿化率30%, 住宅总户数4383户, 机动车停车位741个。

为节约用地,采用大塔楼方式,留出较大绿地空间,改善环境。结合地铁站点设置集中商业,方便居民出行和使用。小学、幼儿园及养老、医疗等服务设施,位置恰当、适中。项目分4个区,共12栋楼,其中经济适用房11栋,廉租房1栋。塔楼经济适用房,设计有12种套型,东西向板式廉租房26种套型。为争取小套型的好朝向,同时弥补单朝向套型的通风问题,塔楼多采用转角窗,板楼采用转过一个角度的飘窗。

该项目成功应用土壤改良修复技术处理该地块原化工厂的污染土壤,应用"建筑业10项新技术"中的8大项,及北京市建设领域百项重点推广项目中的15项,应用了GMT塑料模板、HG保温砌块组合填充墙及无机纤维喷涂棉等施工新技术。

参建单位

北京建工集团有限责任公司房地产开发经营部
北京六建集团有限责任公司
北京市第三建筑工程有限公司
北京市建筑工程设计有限责任公司
北京建工环境发展有限责任公司

总平面图

建工·宋家庄家园 **2012**

实拍全景

景观 – 下沉广场远景

2012 中国土木工程詹天佑奖
优秀住宅小区金奖获奖项目精选

实拍全景

小区绿化

住宅立面

信报箱

飘窗

住宅立面

湖语花园

湖语花园位于苏州工业园区阳澄湖大道北，由22幢9~15层板式高层建筑组成，总用地面积7.94 hm²，总建筑面积16.4万 m²，总户数1266户，停车位地上133个，地下1133个，容积率1.5，绿地率51%。

整体设计由六个半私密的居住院落和一个开放的商业院落组成。每个居住院落由两组错落的建筑围合一个主题庭院而成，层层递进；绿化带穿插各个居住院落，是院落间的整体化软性联系；串联的两组"人行内街"沿中央绿地平行展开，将散步、游戏、聚会、交流等种种生活细节微妙融入，达到居住在风景中的效果。商业空间平面布局蜿蜒多变，使购物环境轻松舒适并充满趣味性。

建筑以高层板楼为主，横向、纵向都处理成段落式，辅以合适的比例，并在色彩与材质上区分。沿阳澄湖大道一侧的建筑单体从9层到11层错落有致，形成层次丰富的天际线。在不影响日照的前提下使湖景面积最大化。部分顶层住户设置大面积的花园露台，使普通住户也可以有别墅式的生活品质。

小区塑造"河流穿流于小镇"的效果。水流边以步行道为线，串联以溪水波纹为主题的休闲广场，并布置雕塑、喷水池、沙漏围栏、花棚、拱廊等典型欧式景观小品。

充分利用自然采光通风，降低能耗，将平面花园引入高层建筑，并考虑兼顾均好性与差异性，组织好穿堂风。部分楼栋以太阳能提供生活热水，雨水集中回收、利用。

参建单位

中新苏州工业园区置地有限公司
苏州工业园区斜塘建设有限公司
苏州工业园区兴盛建设有限公司
苏州市华丽美登装饰装潢有限公司
苏州美瑞德建筑装饰有限公司

鸟瞰图

湖语花园

景观

立面

景观

立面

中海凤凰熙岸

中海凤凰熙岸项目所处自然环境优越，交通便利，历史人文气息浓厚，总用地面积5.12 hm²，总建筑面积17.07万m²，其中住宅13.56万m²，总户数838户，公建建筑面积0.56万m²，容积率2.76，绿化率30%。

中海凤凰熙岸项目包括7幢住宅楼及沿街商铺，其中住宅套型总建筑面积100～360 m²不等，1号楼紧邻秦淮河畔，2号楼面向城市绿地，3号～7号楼临商业街由南向北依次排列，内部围合成小区的中心绿化广场，空间舒适、大气，社区环境闹中取静、庄严、有仪式感，同时，在细节处体现设计的人文关怀。

通过小区入口处的车辆管理系统，实现人车分流，由多层次、网络化的监控和安保体系，充分保证业主的安全和私密性。严格控制体形系数，并通过外墙保温板配合断桥中空玻璃窗、外遮阳卷帘，实现了节能的要求。

本项目停车位入地率达到81%，在解决停车实际问题的同时创造了优美的地面景观环境，实现"四节"的目标。

参建单位

南京中海地产有限公司（南京海润房地产开发有限公司）

南京市建筑设计研究院有限责任公司

总平面图

中海凤凰熙岸 **2012**

立面

鸟瞰图

流水潺潺

景观夜景

小桥人家

中海万锦东苑

中海万锦东苑项目地处广东佛山市南海区桂城住宅板块,毗邻千灯湖公园,未来规划定位为广佛RBD核心区。建设用地 7.59 hm²,总建筑面积约 26.6 万 m²,其中住宅建筑面积 18.1 万 m²,总户数 1840 户,容积率 2.5,绿化率 38%。

规划设计采用高层建筑加大面积园林的做法,通过布置高层建筑,降低建筑密度,增加楼距,扩大园林面积,从而使住户享受到怡人、舒适的园区环境。小区采用了人车分流的交通组织,有利于减少噪声和废气污染。

套型平面布置灵活,适应空间功能的可变性,全期涵盖了套型总建筑面积 90 m²(三房)至 400 m²/套(六房)的八种户型,适应市场的不同需求。建筑立面采用新古典风格与装饰艺术风格的有机融合,建筑挺拔有力,优雅而高贵。

地下室实现了以自然通风采光为主、机械通风换气为辅的运行模式,既保证室内舒适环境又低碳环保。

参建单位

中海地产(佛山)有限公司
广州瀚华建筑设计有限公司
深圳市梁黄顾艺恒建筑设计有限公司
泛亚环境有限公司
中建三局第一建设工程有限责任公司

鸟瞰图

总平面图

万锦东苑北侧滨河休闲绿化带

中海万锦东苑 **2012**

万锦东苑佛平路的沿街立面

中心游泳池

万锦东苑邻里中心及小区主入口

中式亲情居

地中海蓝湾

项目位于宜宾市白沙组团临港经济开发区。东临宜南大道，南临宜宾市第七中学校，西临宜宾市职业中学校，北临白塔山公园，地势平坦，地形最高海拔高度为325 m。

项目总建设用地18.3 hm^2，总建筑面积约49万m^2，其中住宅建筑面积约43.2万m^2（其中多层建筑面积约6万m^2、高层建筑面积约37万m^2）公共建筑面积0.3万m^2，商业建筑面积1.2万 m^2，幼儿园建筑面积0.3万m^2，社区活动用房建筑面积693m^2，物管用房建筑面积600m^2，居住户数4045户，机动车停车泊位2150个，容积率2.5，建筑密度35%，绿地率35%。整个小区由26栋10～26层的高层住宅，1栋幼儿园，1栋商业，5栋1～2层商业建筑组成。设有地下汽车库。

参建单位

宜宾鼎立置地股份有限公司
四川海辰工程设计研究有限公司
广东建筑艺术设计院有限公司成都分公司
集团金辉建设工程有限公司
四川省肖家桥建筑工程有限公司

鸟瞰图

总平面图

2012 中国土木工程詹天佑奖
优秀住宅小区金奖获奖项目精选

地中海蓝湾沿街立面

小区中心景观

地中海蓝湾 **2012**

住宅立面

住宅立面

地中海蓝湾园区内雕塑

地中海蓝湾主入口通道

145

华新一品

华新一品位于江苏海安县城中坝南路和黄海大道交汇处东南侧，地理位置优越，其中一期规划总用地 10.4 hm^2，总建筑面积约 35 万 m^2（含地下工程），容积率 2.8，绿地率 41.2％。小区由 17 栋高层建筑组成，总户数为 2014 户。建筑层数由 18、22+1、24 层至 26 层不等，工程分四标段滚动建设。

一期工程布局呈北高南低的态势，创造独特的现代建筑空间氛围。环境设计强调空透及内外部空间的融合、贯通，空间处理使人们从入口便可以贯视南北主轴线景观，同时也在用地中部设置景观核心，视野开敞，可以环视整个中心绿化，感受涌泉、流水、鲜花盛开的情趣。结合小区内建筑布局，分别设置系列景观节点，对小区的景观空间进行了重新划分和整合，形成"双核、双轴、一线、多节点"的景观格局。

参建单位

南通欣利置业有限公司
南通华新建工集团有限公司
南通中房建筑设计研究院有限公司
南通中房工程建设监理有限公司

鸟瞰图

华新一品 2012

群体西立面

单体西立面

单体东立面

2012 中国土木工程詹天佑奖
优秀住宅小区金奖获奖项目精选

景观组团

西1西3和酒店

会所大堂

小区北入口

下沉式广场

小区环境景观布局俯视

金科·中央公园城

金科·中央公园城位于重庆市永川区东部新城区，地块为坡地山谷状，用地内地形高差31m。项目总建设用地面积14.66 hm²，总建筑面积48.89万m²，其中住宅建筑面积34.69万m²，居住户数3318户，机动车停车泊位2361个，容积率2.5，建筑密度35%，绿地率35%。

小区由10栋32～34层的高层住宅、1栋幼儿园、8栋2～4层商业建筑以及24栋7层建筑组成，设有地下汽车库。规划设计综合分析场地现状，充分利用地形高差，合理进行道路及竖向布置，做到土石方场内挖填平衡。结合自然地形等高线走向构筑了弧形的环道作为小区的主骨架，建筑布局顺应地形，高层住宅布置在地块周边沿线，中心为花园洋房区，北部为商业区，使整个小区显得自由和富有变化。

住宅外形清新而典雅。立面强调虚实对比，层次分明，轮廓线丰富。套型采用全明设计，单元式多层住宅与点式高层建筑相结合，满足套型与户数的要求。

参建单位

重庆市金科上尊置业有限公司
重庆卓创国际工程设计有限公司
重庆佳兴建设监理有限公司
重庆九龙建设（集团）有限公司
重庆渝发建设有限公司

鸟瞰图

金科·中央公园城 2012

总平面图

中心喷泉景观

绿化景观

鲜花簇拥的建筑

泽京·普罗旺斯国际公馆

泽京·普罗旺斯国际公馆项目位于重庆市铜梁县东a城街道，建设用地面积为7.79 hm²，总建筑面积为21.08万 m²，其中绿地面积3.16万 m²，绿地率40.5%，容积率2.47，总户数1796户。

小区规划设计了多层花园洋房、18～25层高层住宅，以及配套商业、幼儿园等。住宅设计了多种套型，套型建筑总面积从60m²/套到160m²/套不等，满足不同梯度的客户需求。高层住宅楼均围绕中心绿地向心布置，既获得了良好的日照及自然通风，又使得大部分住户足不出户即可享受到怡人的美景。

参建单位

重庆泽京房地产开发有限公司

鸟瞰图

夜景鸟瞰图

泽京·普罗旺斯国际公馆 **2012**

泽京·普罗旺斯东岸洋房正面实体图

5层植物营造景观的层次感

洋房区独享的园林视野

中庭两排整齐的高大乔木

小区广场前的休闲会所

小区景观的生态性

蔚蓝海岸

泽京·普罗旺斯国际公馆

环保的跌水系统

爱琴广场

温馨的普罗旺斯

155

华润二十四城

华润二十四城位于重庆市九龙坡区谢家湾，一期占地面积 8.67 hm^2，由 11 栋滨江高层住宅围合而成，总建筑面积约 43 万 m^2，总户数 3400 户，公建面积 8.41 万 m^2，容积率 4.17，绿化率 30%。

一期配套包括社区商业、幼儿园、老年活动中心、青少年活动中心、游泳池、羽毛球场、篮球场、乒乓球场、健身步道等，设施一应俱全。由于紧靠长江重庆段最宽的水域，一期拥有最好的江景资源。

参建单位

华润置地（重庆）有限公司

鸟瞰图

总平面图

华润二十四城 2012

俯视全景

高层立面

景观节点

小区中心

入口门牌

景观节点

绿化树木

成中·骏逸江南

成中·骏逸江南位于宜宾市翠屏区南岸东区稀有江景地块，四周紧邻各类教育教学、娱乐餐饮、医疗及银行用地，城市基础设施完善，交通便捷，居住环境优越。小区占地面积约 2.60 hm², 其中住宅 10.05 万 m², 居住户数 1015 户，容积率 3.98, 绿化率 36.8%。

小区设计结合其梯形地貌，由 3 幢 33 层、1 幢 39 层江景电梯组成。建筑之间相对独立，形成了开阔的江景视野，达到了景观资源共享的目的。环境设计以中心庭园为绿化主体，在中间点缀以水景、水面等，形成室内、室外、绿化、立体等相结合的全方位绿化体系。

小区内实现人、车分流，机动车及自行车由沿街出入口直接进入地下室，小区停车位以地下车库为主，辅之以地上绿化停车位。小区道路由入口景观道及内外两个环线道路组成，外环线沿红线以内环绕整个小区，形成小区的车行道。围绕绿地中心及塔式高层的内环线，是小区健身步道系统。两大园区形成一个集景观及休闲于一体的社区园林，让居住者既能亲近自然，又能感受自然、参与自然。

参建单位

四川宜宾成中房地产开发集团有限公司
成中投资集团股份有限公司

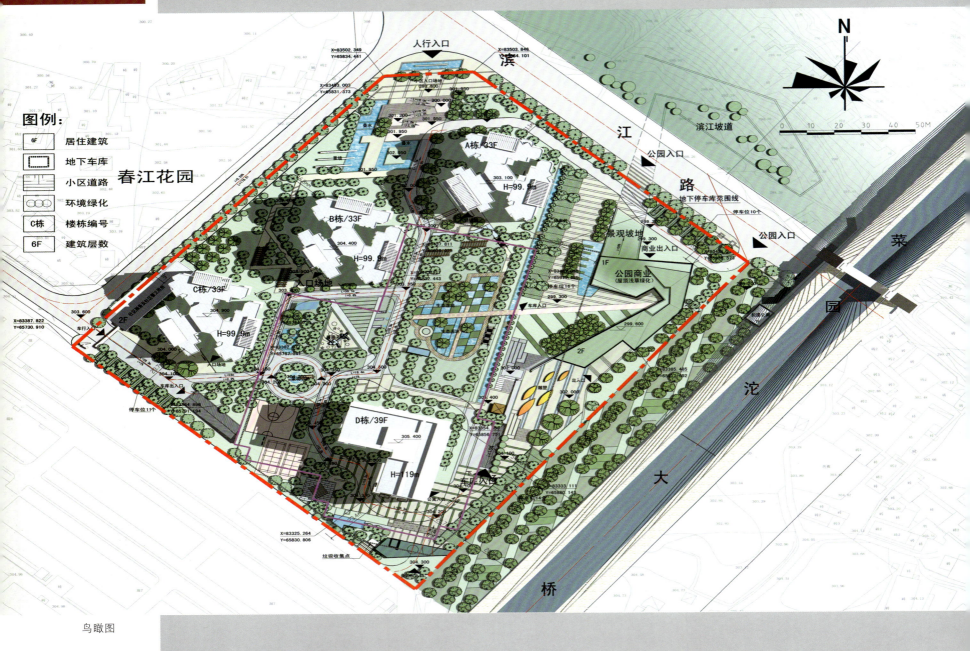

鸟瞰图

成中·骏逸江南

B栋实景

运动景观

敞亮的客厅

低调豪华的客厅空间

观山湖1号

观山湖1号项目位于贵阳市金阳新区金阳大道以东,紧邻观山湖公园。地块面积约14 hm^2,容积率2.0,绿化率约40%,建筑密度≤25%。开发建设10栋高层住宅、8栋多层住宅,配套小学、幼儿园、商业用房,总建筑面积约37.97万 m^2。

观山湖1号小区设计引入"空中院馆"(高层空中别墅)、"六米挑台"、"户户全景观设计"、"低密度高绿化"等创新产品理念;所有楼栋均为框架剪力墙结构,高层建筑首层架空,作为景观绿化休闲场地。

参建单位

中国水电建设集团房地产(贵阳)有限公司

高层区蜿蜒水池

观山湖1号小区规划建设融入自然景观

总平面图

小区休憩连廊

多层区小景

小区圆形游泳池

小区建设有数个供休闲使用的功能景观区

小区内自然生态水池与住宅楼相得益彰

小区中轴上建设的生态叠水水池为小区业主带来超自然景观享受

中渝·滨江一号A区

中渝·滨江一号A区位于重庆市江南新区核心区，规划用地5.8hm²，建筑面积10万m²，容积率1.4，绿化率30.12%，总户数500户，机动车停车位320个。

项目以多层与中高层住宅为主。多层花园式住宅形态丰富，围合式院落利于居民交往，增强稳定感、安全感。沿街商业和地下车库对地势高差的利用充分而自然。通过对小区的风环境进行模拟分析，合理利用自然通风；通过日照、阴影分布综合分析，使各个套型达到良好的自然采光效果。通过对小区内太阳辐射强度的分析，利用植物配置、景观廊道、景观小品、局部绿化等方式，优化环境设计，降低小区内热岛效应，提高舒适度。通过对小区周围城市干道的噪声模拟，及通过植物选型、搭配、调整建筑物朝向等手段，在不增加成本的基础上达到控制环境噪声的目的，从而优化小区内的声环境。

参建单位

重庆瑞昌房地产有限公司

鸟瞰图

总平面图

中渝·滨江一号A区 **2012**

二期绿化

小区东大门

锦邻缘

锦邻缘项目位于江苏省苏州市沧浪区友新立交桥东北侧，南靠南环高架快速路，北靠解放东路，东临长吴路，西边是规划中的河流，区位条件与交通条件十分优越，是苏州市保障性住房定销商品房建设项目的代表性小区。

该项目规划用地 7.847 hm²，总建筑面积 14 万 m²，其中住宅建筑面积 11.1 万 m²，容积率 1.46，绿地率 41.1%，共提供住宅 1181 套，其中套型总建筑面积 45～90m² 的为 657 套、100～115m² 的为 524 套。户均停车位 0.48 个，绿化率 41.1%。

项目设计用合理的服务半径、亲切的邻里、共融的生活来营造邻里新社区。整个项目的功能布局考虑到地块因素，建立"两轴、一心、五组团"的功能结构系统交通，两轴——分别为贯穿小区东南和南北的绿化景观轴和生活休闲轴，是整个小区的核心景观。一心——在绿化景观轴和生活休闲轴交汇处形成一个绿色共享空间。五组团——以绿化共享空间为核心，整个小区由五个组团构成。合理的布局既清晰自然，又强化绿色开放走廊和丰富的节点空间，同时为业主社交、休闲提供了平台，倡导户外生活方式，集中的公建配套便捷且高效。

住宅套内自然采光及通风良好，建筑形态简约大气、典雅轻盈、平实质朴，色彩素雅。

参建单位

苏州市房地产卡发有限公司
苏州市规划设计研究院有限责任公司
江苏南通二建集团有限公司

总平面图

规划效果鸟瞰示意图

简约大气的外观设计

地下车库 人车分流

生活休闲区域

宜人的江南生活空间

康居西城

康居西城项目位于重庆市沙坪坝区大学城西永镇，总用地面积 40.87 hm^2，总建筑面积 146.78 万 m^2，总居住户数 24372 户，停车位 4806 个，容积率 3.54，绿化率 35.10%。

规划以大型塔楼为单位，赢得较高的容积率和较大的绿地面积。每个组团周边布局，形成大的院落，取得良好的空间环境。

配套设施完善，服务功能较齐全。

环境设计，利用较经济的材料，创造较好的经济性住区环境；功能空间能满足一般生活需求；植物配置遵循了"生态型"住区基本要求。

参建单位

重庆市城投公租房建设有限公司
重庆市设计院
重庆市建永工程监理公司
中建五局第三建设有限公司
中冶建工有限公司

总平面图

康居西城 2012

全景图

2012 中国土木工程詹天佑奖
优秀住宅小区金奖获奖项目精选

小区入口

小区健身场所